地球生命故事

生物大灭绝

海南长臂猿

[英国] 本 · 加罗德 著
[美国] 加布里埃尔 · 乌格托 绘
何文珊 译
苗德岁 审定

译林出版社

图书在版编目（CIP）数据

生物大灭绝．海南长臂猿 ／（英）本 · 加罗德
(Ben Garrod) 著 ；（美）加布里埃尔 · 乌格托
(Gabriel Ugueto) 绘 ；何文珊译．-- 南京 ：译林出版社，
2024.9
（地球生命故事）
书名原文：Extinct：Hainan Gibbon
ISBN 978-7-5753-0121-3

Ⅰ.①生… Ⅱ.①本… ②加… ③何… Ⅲ.①长臂猿
－青少年读物 Ⅳ.①Q91-49 ②Q959.82-49

中国国家版本馆 CIP 数据核字（2024）第083304号

著作权合同登记号　图字：10-2022-465 号

生物大灭绝：海南长臂猿　[英国] 本 · 加罗德 ／ 著　[美国] 加布里埃尔 · 乌格托 ／ 绘
何文珊 ／ 译　苗德岁 ／ 审定

责任编辑　宋　旸
装帧设计　曹沁雪
校　　对　王　敏
责任印制　单　莉

原文出版　Head of Zeus, 2022
出版发行　译林出版社
地　　址　南京市湖南路 1 号 A 楼
邮　　箱　yilin@yilin.com
网　　址　www.yilin.com
市场热线　025-86633278
排　　版　南京新华丰制版有限公司
印　　刷　南京爱德印刷有限公司
开　　本　718 毫米 ×1000 毫米　1/16
印　　张　7.75
版　　次　2024 年 9 月第 1 版
印　　次　2024 年 9 月第 1 次印刷
书　　号　ISBN 978-7-5753-0121-3
定　　价　30.00 元

我们为什么要了解生物大灭绝？

苗德岁（古生物学家）

“生存还是毁灭？这是个问题。”莎翁名剧《哈姆雷特》中哈姆雷特王子的独白，脍炙人口并历来为人们所传诵。贾平凹在《自在独行》中，也讨论了生与死的命题，并指出：人一生下来就预示着要死，生的过程就是死的过程……不能正确地面对死亡，也绝不会正确地面对活着。

其实，生物界的物种又何尝不是如此呢？正如“地球生命故事·生物大灭绝”这个系列的作者本·加罗德指出的那样：“自从地球上出现生命开始，就有了灭绝，假以足够的时日，所有物种都会灭绝殆尽。”然而，在法国著名博物学家居维叶之前，人们是无法接受生物竟会灭绝这一事实的。连达·芬奇这样的学者都认为，化石是现代生物的遗体。而当布封指出化石所代表的生物形态现在已不复存在时，简直就是捅了马蜂窝！不仅是教会，连其他一些研究化石的学者也不敢相信，创世主岂能让他所创造的完美生物随随便便地就销声匿迹了？这是不可思议的事！

当时的学者们还把在意大利发现的猛犸象化石归为汉尼拔入侵罗马时从非洲带来的大象遗体。他们认为，猛犸象一定还生活在地球上

某个人迹罕至的角落里，有待探险家们去发现呢。18 世纪末，尽管居维叶是坚定的“物种不变论”者，但是他通过象化石的解剖学研究，诚实地发表了自己的见解：猛犸象化石不属于任何一种现生象类；不仅现生的非洲象和亚洲象是两个不同的物种，而且欧洲和西伯利亚的猛犸象也不属于现生象类的任何一个物种，而是属于业已灭绝的化石物种。这一发现堪称居维叶一生中最具革命性的科学贡献——它使人们逐步接受了生物灭绝这一事实。

后来，达尔文在《物种起源》中指出：生物之间的亲缘关系可以用一株大树（即“生命之树”）来表示：绿色生芽的小枝代表现存的物种，而往年生出的枝条以及枯萎、折落的枝叶则代表先后灭绝的物种。可惜，这些灭绝的物种的化石，在达尔文时代极少被发现，因而也成为令他颇为头痛的问题之一。但是，他根据生物演化论确信，已灭绝了的生物物种总数大大超过了现生物种的总数。

经过达尔文以来数代古生物学家的努力，到目前为止，我们已经发现了许许多多灭绝生物的化石物种，证实了达尔文的预见的正确性。此外，现代演化生物学的建立和发展，开启了我们认识生物多样性之旅。根据现在科学家初步的估计显示：目前存在于地球上的缤纷多姿的生物多样性，在地球历史上只不过是九牛一毛而已——已经灭绝了的生物物种总数可能占据整个生物多样性在时间与空间上分布的 99%！

换句话说，在地球上生活过的生物物种，99% 以上都已经灭绝了！

正如本系列《利索维斯兽》一册开头的引语所说："灭绝是规律，存活是意外。"正因如此，本・加罗德写道："就灭绝而言……它就是我们这个世界的一部分，它在适当的时间，以适当的程度发生，是一件再自然不过的事情，甚至在某种意义上助推了演化。"

在如此众多的化石物种里，作者颇具匠心地选取了八个代表物种。它们分别代表了动物界的一些主要类群，又分布在地球历史（暨生物演化史）上的各个重要阶段，尤其是它们代表了五次（以及可能成为第六或第七次）大灭绝中丧生的物种，同时又都是大名鼎鼎的"明星"化石（除了海南长臂猿之外）。通过这八个物种，作者不但介绍了它们的形态、分类、生态、行为，以及在时间和空间上的分布等，而且介绍了造成五次大灭绝的可能的原因，以及这些大灭绝事件对生物演化的影响。事实上，大灭绝虽然致使当时全球的生物多样性骤减，但又为其后新的生物类群的兴起和发展提供了空间与契机，因而对整个生命演进产生了重大的影响，成为波澜壮阔的生命演化大戏中一个个惊心动魄的华章。

最后，我必须指出，作者选择"海南长臂猿"作为本系列最后一册的主角是颇有深意的。作为一位灵长类研究专家和保育生物学家，本・加罗德在该系列的引言里，从一个独特的视角来表达他撰写这套书的目的："如果我们有机会拯救一个物种，使之免于灭绝的厄运，那么我们首先就要了解灭绝本身。什么是灭绝？是什么导致了灭绝？当许多物种突然灭绝时，到底发生了什么？我要把灭绝作为一个生物学过程来探索，并探讨为什么它有时对于演化而言具有积极的意义，同时又是自然界里最具破坏性的力量。让我们仔细地观察它，剖析它。”

事实上，作者表面上虽然在写物种的消亡，但实则是充满慈悲情怀地谈论野生生物以至于整个生态环境的保护。尽管生物大灭绝是生物演化中不可或缺的一环，但我们没有任何理由以此来作为我们人类肆意破坏生态环境的遁词！正如他在《海南长臂猿》一书结尾所写的：

> 那么，地球上的生物会有什么样的未来呢？我不知道，我们没有人知道。我只确信现在这个自然世界正面临越来越严重的威胁，而且这个威胁比人类历史上的任何时刻都严重。接下来的若干年将会是非常关键的时刻，地球生命的未来就在我们手里。如果你为有这么多栖息地被破坏而担忧，为有那么多物种濒临灭绝而担忧，那么记住，在这个星球的整个生命史上，从来都没有像现在这样，有那么多人为这些栖息地和物种的生存而奋斗。而你，就是其中一员。

读到这里，我相信没有任何一个读者不会因此而动容！窃以为，这就是这套丛书的“核心内容”（take-home message）。为此，我向这套书的作者、译者和编辑致敬——感谢你们为中国的小读者们做了一套他们读来欲罢不能的、有意义的好书！

气候变化是21世纪人类健康的最大威胁。

——世界卫生组织

目　录

引　言 …… 1

什么是灭绝? …… 5

我要问专家 …… 10

为什么物种会灭绝? …… 15

疾病、捕猎和竞争 …… 17

共同灭绝 …… 21

基因混合 …… 24

栖息地破坏 …… 25

气候变化 …… 26

时间线 …… 30

大灭绝 …… 33

我要问专家 …… 38

海南长臂猿 …… 43

发　现 …… 44

解剖结构…………46
生物分类…………54
生态环境…………56
行　为…………60
我要问专家…………62
人类世大灭绝…………67
起　因…………69
影　响…………82
我要问专家…………88
保　护…………93
术语表…………110

引　言

自从地球上出现生命开始，就有了灭绝，假以足够的时日，终有一天所有物种都会灭绝殆尽。濒临灭绝的物种数量不断增加，我们似乎每天都在听到越来越多这样的悲剧。科学家、保育人士、慈善组织、大学、社区，甚至一些有良知的政府都在与灭绝做斗争，试图拯救一些我们最为珍惜的物种和栖息地。但是，就灭绝而言，难免事与愿违，它就是我们这个世界的一部分，它在适当的时间，以适当的程度发生，是一件再自然不过的事情，甚至在某种意义上助推了演化。

我是一名演化生物学家，这是世界上最棒的工作。我在工作中与我们这个星球上的一些最奇怪、最美丽、最具标志性，并且最令人心碎的濒危动物打交道。我理解物种如何走向灭绝，以及为什么会走向灭绝。尽管如此，当我听到一个物种（任何物种）已经开始走向灭绝，或出现更糟糕的情况，很快将要因为我们而被载入史册时，我仍深感不安。关于物种濒临灭绝、栖息地遭到破坏以及全球气候变化影响的新闻报道源源不断，振聋发聩。然而，我们到底对灭绝有多少了解呢？

如果我们有机会拯救一个物种，使之免于灭绝的厄运，那么我们首先就要了解灭绝本身。什么是灭绝？是什么导致了灭绝？当许多物种突然灭绝时，到底发生了什么？我想把灭绝作为一个生物学过程来探索，并探讨为什么它有时对于演化而言具有积极的意义，有时又是自然界里最具破坏性的力量。让我们仔细地观察它，剖析它。灭绝是一个不可思议的过程，了解它有助于我们更好地认识这个世界，并做出改变。

当一个物种被宣布已灭绝，我们列出或提到它的科学名称时，会在边上标注一个匕首符号“†”。所以，如果你看到一个物种的名字后面有一把小小的匕首，你就知道是为什么了：它已经灭绝了。

在“地球生命故事·生物大灭绝”这个系列里，我写了八个奇妙的物种。从怪诞虫（*Hallucigenia* †）开始，然后是邓氏鱼（*Dunkleosteus* †）和三叶虫（trilobites †），接着是利索维斯兽（*Lisowicia* †）、霸王龙（*Tyrannosaurus rex* †）和巨齿鲨（megalodon †），直到袋狼（thylacine †），最后是海南长臂猿（Hainan gibbon）。所有这些物种中，只有海南长臂猿的学名边上没有小匕首，说明它是其中唯一一个我们还有机会抢救的物种。

本·加罗德教授

什么是灭绝？

通常，就像许多科学事例一样，在生物学中，复杂的术语具有复杂的定义。不过，理解灭绝的本质并不是特别复杂的事情——灭绝就是物种的死亡。并不只是单个动物死亡，或一大群同种的动物个体死亡，而是那个物种的所有个体都死亡了。如果最后一个个体死亡，再没有更多活着的个体了，那个物种就灭绝了，永远地消失了。

有时，当我们谈论灭绝时，我很难接受某些质疑："那又怎样？谁会真的在乎一个物种会不会死绝？这到底能有什么不同呢？即使又一种蛙类消失了，那又怎样？”事实上，的确有些人冥顽不灵，他们就是不认同对抗灭绝是如此至关重要。他们通常和不相信我们的气候正在经历快速变化的那些人是同一拨，也都反对许多现代科学。

所以，为什么一个物种的消失是要紧的事情？这里有一个简单的答案和一个复杂一些的答案。简单的答案就是：我们人类在动物王国里占据了独一无二的位置。我们所知甚多。我们有权力、有能力来完全地塑造和控制我们周遭的世界。相应地，我们也有义务来保护我们这个生存空间里的其他生物，不论其是在森林、珊瑚礁或花园里的人类邻居还是动物邻居。

这个问题的第二个答案是：自然界是一个奇妙的具有交互联结的生态系统，物种彼此关联。

自然就像一张很大的蜘蛛网，数十亿

计的生物通过看不见的丝线联系在一起。如果这个网上的一个物种被除去，就会牵扯到另一部分。如果有足够的物种消亡，那么整个结构就崩塌了。无论是植物、动物、真菌还是其他生命形式，都有丰富的物种数量，我们很难知道，当一个物种灭绝时，会引发怎样的灾难效应。

例如，鲨鱼、金枪鱼和海龟都以水母为食。如果从一个海洋生态系统中去除这些捕食者，水母数量就会直线上升，在极短的时间内大量聚集。它们比沙丁鱼等小型鱼类具有更高的生存能力，能吃掉大量浮游生物，导致食物链崩溃。对我们来说，一些危险的水母种类还会使得海滩不再安全。

正是由于这个全球生命网络的平衡性，捕杀鲨鱼会使得我们在海滨游泳变得更加危险。

自从地球上出现第

一个生命以来，灭绝就已经存在，这必然意味着一波又一波的物种已经灭绝。你很难搞清楚有多少物种已经灭绝了。根据科学家的推测，曾经存活过的物种中，已经灭绝的多达 99%。如果你好奇确切数字是多少，那么，如果他们的计算是正确的，这就意味着我们这个星球已经丧失了几乎 50 亿个物种，不可思议吧。

我们无法确定这个数字，因为在这些灭绝中，有许多要回溯到数百万年（甚至数亿年）前，而那个时候并没有科学家举着相机或手持笔记本身临其境。这些物种中有许多是我们永远都无法了解的。科学家相信现在可能有 1000 万—1400 万个不同的物种（有的科学家认为

猛犸象

这个数字甚至高达1万亿），其中只有120万个物种被以恰当的科学方法记载和记录下来了，这意味着现在地球上的生命中有大约90%是我们尚未认知的。

渡渡鸟

这就开始有点复杂了。灭绝是自然的，即使我们人类也终有一天会走向灭绝。这可能听起来很悲哀，不过是因为你从人类的角度来考虑这个问题。记住，我们只是那大约1400万个物种中的一个。通常，一个物种在它走向灭绝并最终被载入史册（甚至是史前史册）前，有大约1000万年的时间来演变、觅食、追逐、玩耍，可能还有做作业、造房子，甚至登月。有的物种持续的时间比这长一些，有的则短一些。

欧亚猞猁

我要问专家

理查德·潘科斯特教授是布里斯托尔大学地球科学学院主任、生物地球化学教授以及卡伯特环境研究所成员。他研究生物是如何调节我们这个星球的化学环境的，他利用它们的分子化石来重构地球的古气候。在探索古地球系统对全球快速变暖的响应，以及我们所依赖的生态系统的可持续性方面，他尤感兴趣。

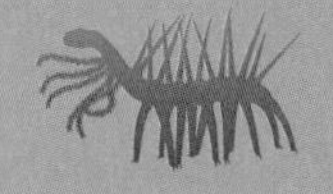

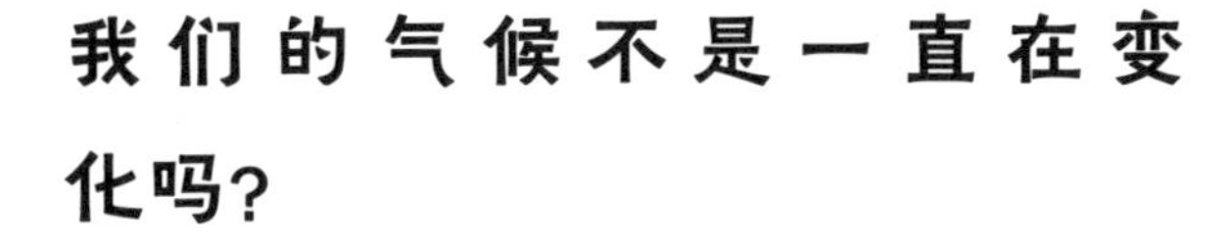

我们的气候不是一直在变化吗？

没错。我们用同样的方式，不仅研究气候是如何变化的，也研究它为什么发生变化。

地球气候在过去大约 10000 年里一直处于全球性的稳定状态中，但是，即便如此，地球上的部分地方还是经历了区域性的剧烈变化，从欧洲的小冰期，到北非在大约 6000 年前结束的漫长的湿润期。

如果时光回到更新世，当时的变化要大得多，也更加全球化，包括了冰期和间冰期的波动循环。那时，一望无际的冰盖覆盖了欧洲、亚洲和北美洲的大部分地方，然后冰盖融化并且后退，如此循环往复了一次又一次。每一次，它们都留下了分布痕迹，包括冰川末期沉积物、擦划过的岩石和深海中的地球化学信号。

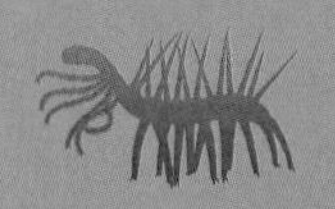

如果时光回到更早的时候，北极圈和南极古陆的岸线上分布着森林，可见当时的地球比现在暖和多了，支持这个说法的证据不仅有大量化石（包括北极鳄鱼和棕榈树），以及冰川沉积物的缺乏，还有相当丰富的、特定且明显的化学痕迹。这样的变化贯穿了整个地球历史——白垩纪和始新世的温室气候；2.52 亿年前二叠纪—三叠纪界线的全球快速暖化，我们将它与被称作“大死亡”（Great Dying）的大灭绝事件联系在一起；还有 6.5 亿多年前的成冰纪，那时地球成了一个“大雪球”。

当我们观察那些明显的化学痕迹时，不论它们是地球化学过程产生的，还是存在于沉积物甚至化石中，都显示了地球气候变化的驱动力——地球和太阳的关系、板块构造和温室气体。地球化学过程是形成地球主要地质特征（比如海洋，甚至地壳）的过程。地球轨道的摆动导致夏季的

阳光照在北半球的不同位置，形成了冰期—间冰期周期。陆地的长期漂移使得海洋通道打开又关闭，改变了洋流，由此改变了全部大陆的气候。

二氧化碳浓度对缓慢和快速的气候变化都有驱动作用。数百万年以来，由于火山活动释放或海洋沉积物封存不断导致碳的再平衡，决定了温室地球或冷冻地球的间隔时间。在有些情况下，可能由于岩浆侵入富含有机物的岩石中，使得二氧化碳被快速释放，导致了短暂的剧烈暖化作用。因此，正如我们已知的二氧化碳曾经导致地球变暖，如今，由于使用化石燃料而造成的二氧化碳的突然释放同样导致地球变暖，并将持续下去。

然而在目前，从古沉积物进入地球大气层的二氧化碳迁移速率比史上那些二氧化碳的快速地质释放事件更加快速——当前的变化速率在地球历史上几乎没有先例，它对生命产生的后果会是非常严重的。

为什么物种会灭绝？

物种并不会意识到自己正在走向灭绝。对于最后那些加拉帕戈斯象龟或现存数量极少的小头鼠海豚、勺嘴鹬或中国大鲵来说，它们并不会感觉到越来越孤单。只有我们人类有这种感知能力。

如果那些灭绝动物确实曾经意识到灭绝降临，你觉得不同物种会有什么表现吗？练习跑得更快？搬到海拔更高的地方，避开洪灾？开始吃不同的食物？它们可能会为了躲避正在逼近的灾难而试图未雨绸缪？可惜，自然并非如此。野生生物不会有意识地为即将到来的变化做准备。但是，在某些层面上，类似的事情的确诡异地发生了。

当温度缓缓上升时，物种朝耐受升温的方向演化，或者迁移到其他栖息地或环境温度没有那么极端的地方。如果是水生环境变得越来越酸化或者氧含量持续下降，那么，其中的物种可能就朝着适应这种环境变化的方向演化。如果它们有足够的时间来适应环境，或者能够对周遭环境的变化做出身体上的响应，那它们就抓住了生存的机遇。可是，如果变化发生得过于突然和迅猛，物种就不太可能及时适应，而更可能就此灭亡。最坏的结果莫过于整个物种消亡并灭绝。

导致灭绝的理由有千千万，但是它们有一个共同之处：都集中在变化上。这些变化可以发生在物种的物理环境里，比如栖息地因为洪水或旱灾而遭到破坏；或者发生在其生物环境中，比如来了一种新的捕食者或暴发一场新的致死疾病。

有许多普遍的原因都会直接或间接导致一个物种或一群物种的灭绝。

疾病、捕猎和竞争

疾病通常和灭绝联系在一起。事实上每个活着的物种都有它自己的一组疾病和从其他物种上获得的一些疾病。人畜共患疾病就是一类与灭绝相关的疾病。它们源自人类以外的动物，但是能够在人群中传播。我们现在已知的有些最糟糕也最常见的疾病就是人畜共患疾病。从埃博拉病毒和新型冠状病毒（COVID-19），到麻风病、狂犬病，甚至鼠疫都是人畜共患疾病。显然，这些疾病对人类来说是个大问题，产生了难以言表的痛苦和折磨。但是，这些疾病中的某些也会重新传回到动物身上，在野生或圈养种群内肆虐。

COVID-19 导致了影响我们这个物种的最近的一次大瘟疫，它来自一个我们目前尚不能确定的动物物种。不过，有意思的是它还会感染貂，这个物种与黄鼠狼和獾较近。在丹麦，人们为了制作“奢侈（令人厌恶）”的毛皮大衣而饲养了大量貂，在有些貂感染了病毒后，1500 万头貂被扑杀。埃博拉病毒能够感染黑猩猩和大猩猩等野生大型猿类，这就使得这种人畜共患疾病成为构成灭绝威胁的一种显著风险。

当我们提及捕食者时，很容易就想到狮子、北极熊、鲨鱼、老鹰和鳄鱼，其实，有一个物种能捕杀所有其他物种。不过，我得很抱歉地说，就算你猜中这是哪个物种，也不会有啥奖励。

人类不仅捕杀了包括其他捕食者在内的每一个物种，而且捕杀方式也与其他捕食者大相径庭。我们传统意义上的捕猎是以获取食物为目的的动物狩猎，这方面最坏的例子之一就是为了鱼翅而捕鲨。虽然鱼翅上几乎没什么肉，而且也没有味道，但在许多亚洲国家，它们被用来做成价格不菲的鱼翅羹。就为了这碗昂贵却乏味的汤羹，为了在朋友面前炫富，每年有超过 1 亿头鲨鱼被捕杀。

我们也用其他方式来开发动物资源。为了获取毛皮、长牙和羽毛而捕杀它们，甚至为了豢养它们作为我们的宠物而布设陷阱，活捉它们。以猴子为例，它们从来就不是理想的宠物，但是在许多国家就有这种事情发生。在英国，有大约 5000 只猴子和狐猴被人类豢养，这反而使得它们在野外濒临灭绝。

对任何物种而言，活着已经足够艰难，它们要对付捕食者、恶劣的环境和日复一日的生存斗争。当它们不得不与其他物种争夺食物或栖息空间时，可谓难上加难。竞争既可能是自然的，也可能是人类引起的，前者如在

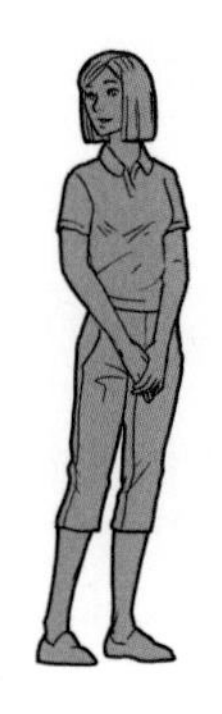

稀树草原上与猎豹、狮子和鬣狗争夺食物，后者如人类在海洋中的过度捕捞，这就导致了鲨鱼的食物越来越少。

竞争是每个物种与生俱来的天性，无论是森林里与其他树种竞争的一棵橡树苗，还是珊瑚礁里和其他几百种生物一起觅食的一条小鱼，莫不如此。但是，当竞争过于激烈时，就另当别论了。如果我们将所有现生的哺乳动物都聚拢到一起，然后把它们分成三组，你就会看到野生哺乳动物所面临的压力。

其中的一组哺乳动物是人类，它将代表总重量（我们称之为生物量）的 34%。最大的一组是被饲养的哺乳动物（或家畜），比如牛、羊和猪，它们占了总生物量

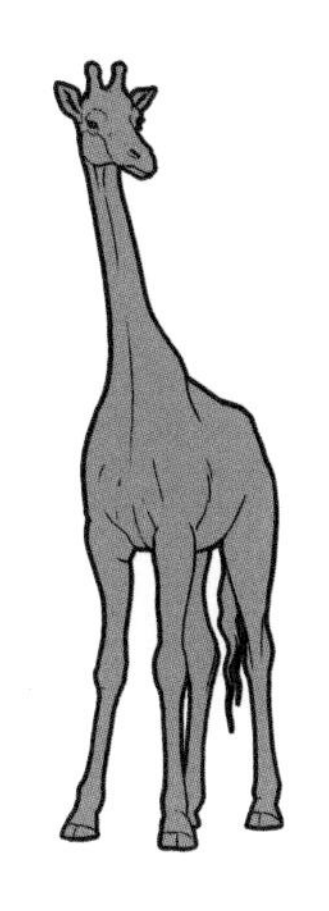

的 62%。如果你擅长速算，那应该已经知道剩下的那组是非常小的，那组就是野生动物组，只占全球哺乳动物总生物量的 4%。尽管人类和被饲养的动物不会像两种不同的鲨鱼或两种不同的蝙蝠那样直接与野生哺乳动物竞争，但是前者仍然需要食物、水和空间，正因如此，许多物种濒临灭绝。

共同灭绝

有时，一个物种与另一个物种一起演化，它们的关系非常密切，以至于当其中一个物种消亡时，另一个物种也只有死路一条。这可能是一种依赖特定寄主的特定自然界中存在千丝万缕的联系，因此，有些物种的存在取决于其他物种。有时，一个物种的丧失可能导致另一个物种的灭绝。霾灰蝶（*Phengaris arion*）幼虫生活在红蚂蚁的蚁穴中，并哄骗蚂蚁给它喂食。这种蝴蝶为了生存，很需要蚂蚁。

寄生生物，也可能是一种特别的传粉昆虫，它需要某种特定的植物才能存活。举例来说，1979 年，由于英格兰南部的一种红蚂蚁数量锐减，导致霾灰蝶在当地灭绝。这种蝴蝶的幼虫生活在蚁穴里，以蚂蚁幼虫为食，也会从成年蚂蚁那里获取食物。没有了这些蚂蚁，蝴蝶就岌岌可危了。现在，人们开展了大量保育工作，包括为蚂蚁恢复栖息地。在重新从外地引入霾灰蝶后，英格兰西南地区的 33 个观察站点又能见到霾灰蝶了。这是一个非常受欢迎而且结局圆满的保育故事。

基因混合

每个物种都有一组专属于该物种的遗传数据。它就像是物种的成分。任何一点微小的变动都会将一个物种改变成另一个物种。同样，有些物种之间的关系比其他的更近一些。关系相近的物种有时会繁殖并产生后代，

即我们所说的杂交种。发生这种情况时，亲本物种之一（甚至两者都是）可能最终走向灭绝，杂交后代会取而代之。这也无可厚非，只是亲本物种的“成分”确实被改变了。

栖息地破坏

当我们谈论这个导致灭绝的原因时，我们通常说的是“栖息地丧失”，不过，说白了，我们并不是失去栖息地，我们是在破坏栖息地。为了保护世界上的许多栖息地和生态系统，承认我们的所作所为是踏上正确方向的一大步。栖息地破坏最可悲的不只是对许多生物个体的毁灭，有时还是对整个物种的毁灭。

增加食物生产不仅是将陆地上的自然栖息地转变为农业用地的重要推动因素，而且栖息地破坏对海洋环境产生了毁灭性的影响。我们近来已经看到了现代海洋鱼类的第一轮灭绝。单翼合鳍躄鱼是13种长相奇特的能用鳍来“走路”的鱼类之一。现在存世的只有一具博物馆标本，人们在大约200年里都没有在野生环境中见过它。2020年，由于破坏性捕鱼技术和栖息地毁坏，这个物种被正式确认灭绝。

栖息地破坏是物种灭绝的罪魁祸首，所有那些被列入受胁、濒危或极度濒危等级的物种中，已确认有85%主要由栖息地破坏所导致。

气候变化

在之前发生过的每一次大灭绝中，气候变化一直以某种形式、某种途径或某种方式成为一个主要因素。气候在持续地循环变化着，使得我们能够回顾历史，评价这些变化是如何发生的，能发生多少变化。目前全球气候正在变化，一些地方降雨增加，洪涝频发，另一些地方频繁出现旱灾与火灾，这一切都得归因于温度上升。

写到这里的时候，为了确保我所写的不仅属实，而且及时，我查看了一下今天的全球温度，结果大为震撼。上周，森林野火肆虐加拿大，温度灼热，高达 49.6℃。在俄罗斯的西伯利亚，出现了类似的温度，约为 48℃，热浪已经持续数周。在加拿大和俄罗斯出现如此高温的地区都位于北极圈内，那里是我们已知的脆弱、寒冷的栖息地。北极正在快速升温，南极也是如此。2020 年，人们在南极观察到了一个新的高温纪录——18.3℃，这导致了海冰的快速消融。

今天我们又目睹了一个新纪录。在北美洲的死亡谷，气温达到了 54.4℃，这是用可靠的方式获得的数值。虽然死亡谷本来就以炽热且不适合居住而闻名，但这么高的气温在地球上创了新纪录。气候变化是以前那些大灭绝的一个主要原因，我们在本书的稍后部分还会谈到它。关于这个话题，并不是没什么可说的，相反，就我们所面临的气候变化和大灭绝而言，实在是有太多可说的了。

放眼全球，气候和天气都在发生变化，暴雨、洪涝、干旱和野火越来越频繁地发生。这只树袋熊侥幸从澳大利亚内陆地区的丛林大火中逃生。

时间线

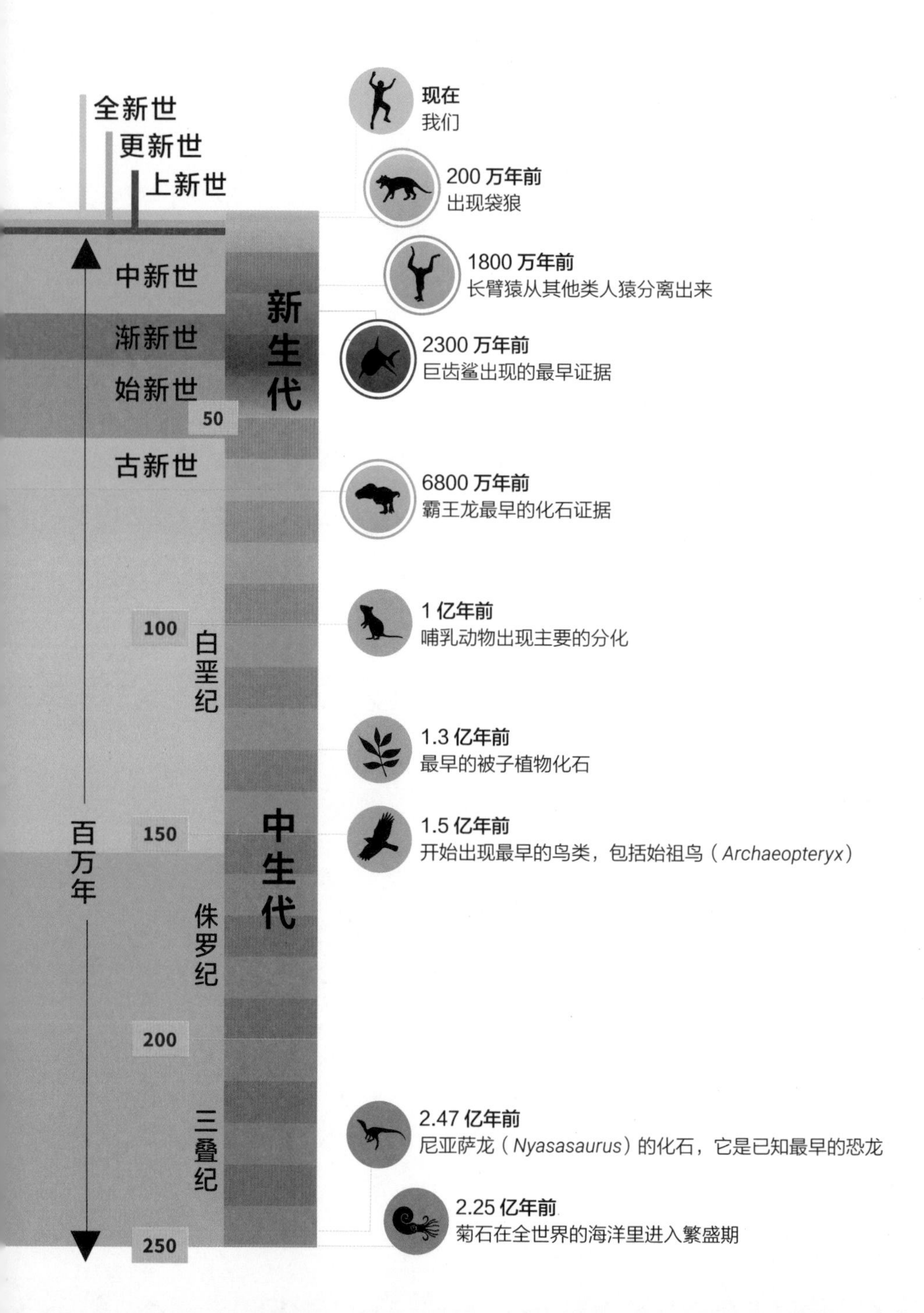

全新世
更新世
上新世
中新世
渐新世
始新世
50
古新世
新生代
100
白垩纪
150
百万年
侏罗纪
中生代
200
三叠纪
250
现在
我们
200 万年前
出现袋狼
1800 万年前
长臂猿从其他类人猿分离出来
2300 万年前
巨齿鲨出现的最早证据
6800 万年前
霸王龙最早的化石证据
1 亿年前
哺乳动物出现主要的分化
1.3 亿年前
最早的被子植物化石
1.5 亿年前
开始出现最早的鸟类，包括始祖鸟（Archaeopteryx）
2.47 亿年前
尼亚萨龙（Nyasasaurus）的化石，它是已知最早的恐龙
2.25 亿年前
菊石在全世界的海洋里进入繁盛期

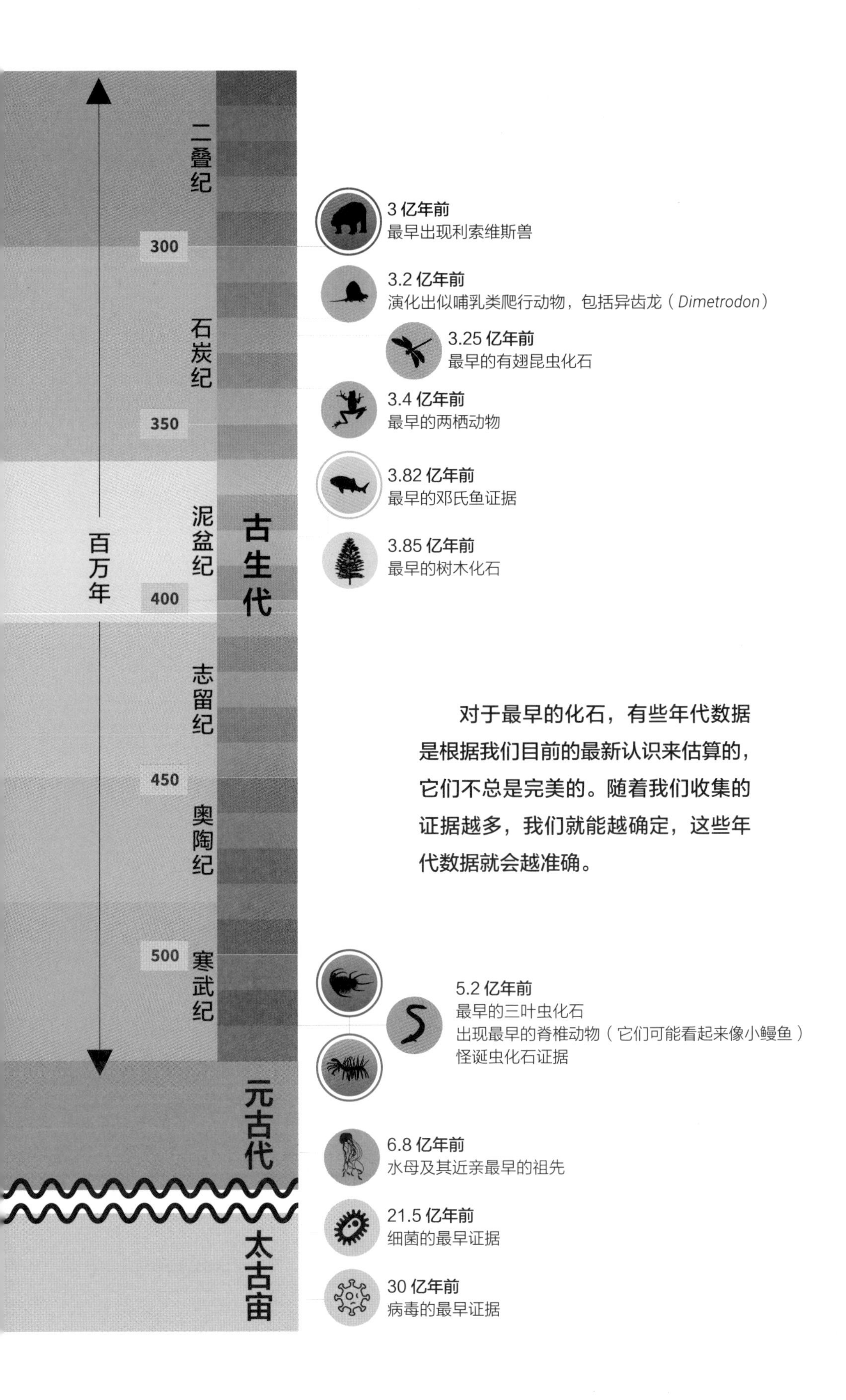

对于最早的化石，有些年代数据是根据我们目前的最新认识来估算的，它们不总是完美的。随着我们收集的证据越多，我们就能越确定，这些年代数据就会越准确。

大灭绝

现在，在世界上的某些角落，出于某些因素（希望是自然因素），某些物种将要走向灭绝。一个物种的演化和出现是完全自然的，同样，物种的不断消失也是如此。物种来了又走，循环往复，有点儿像潮起潮落或四季更替。

灭绝是无法避免的，无论在哪里，只要有生命，灭绝就以可准确预计的速率而发生，我们称之为背景灭绝：它是持续的低水平灭绝，除了灭绝的物种外，不会在更大范围内产生严重的问题。我们中的大部分人几乎都无法察觉这种“日常灭绝”。但当我们讨论“大灭绝”时，就完全是另一码事了。

在这个系列中，我们将“大灭绝”定义为全球范围内在一段较短的“地质”时期内发生的灭绝事件，涉及大约 75%（甚至更多）的物种。如果你正在纳闷“一段较短的地质时期”到底有多短，那我们得说，它应该短于 300 万年。这可能听起来是一段很长的时间，但是，要记住，地球的寿命已有 45 亿年了。我们把时间范围定为 300 万年，既能抓住突发的灾难性大灭绝事件，如导致恐龙消亡的白垩纪末期小行星事件，又能涵盖数十万年甚至数百万年前的一些大灭绝事件。

正如你想到的那样，大灭绝包括了大尺度上的生命消亡，要么是物种或类群的数量庞大，要么是发生在地球的极广大区域，或者两者都是。在一个大灭绝事件里，物种消亡的速率高于物种演化的速率。设想你正在慢慢地往一个桶里注水，但桶壁上有一个大洞，你忙了好一

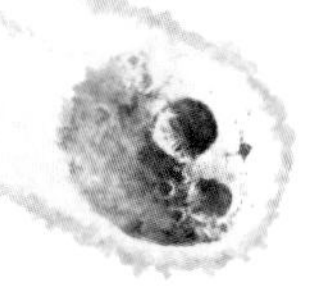

阵，桶仍然在变空。在过去的大约 5 亿年里，地球经历了几次大灭绝，从 5 至 20 次不等，该数字取决于科学家采用哪个定义(目前有几个不同的定义)。这些大灭绝事件中，最糟糕的情况是地球上超过 90% 的生命都灭绝了，至于大灭绝后的恢复情况，可能得历经至少 1000 万年，生物多样性才恢复到之前的水平。

当我们谈论大灭绝时，大多数科学家都赞同有五次典型的大灭绝，最早的那次发生在大约 4.5 亿年前，最近一次发生在 6600 万年前。除了人们所熟知的这五次大灭绝外，最近又确定了一次，发生在大约 250 万年前。

许多科学家都认为我们正在进入（甚至已经进入）第六次大灭绝，但是，出于两个原因，这个说法还需斟酌。首先，我已经提到，最近确定的发生在大约 250 万年前的大灭绝才是第六次大灭绝，那么当前的全球灭绝事件是第七次。其次，我们很难确定大多数大灭绝起于何时，因此，就算现在的情况很糟糕，我们可能还未进入大灭绝。

通过本系列丛书，我们探究五次经典的大灭绝、新发现的大灭绝和我们所触发的当前的灭绝事件。最后，在这本书里，我们要深入了解地球上正在发生的情况，看看科学家和环保主义者如何应对当前的灭绝危机并探索解决之道。

我要问专家

吉利恩·福里斯特教授是伦敦大学伯贝克学院的演化心理学家。她探索的是：人类是谁？我们如何与自然界相连？她研究人类、黑猩猩、大猩猩和红毛猩猩在脑部和行为上的异同之处。同时，她还是一位保育学家。

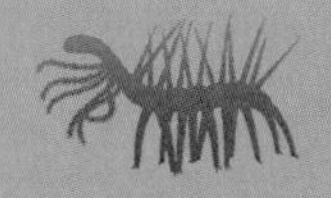

自然就是好的吗？

我们很容易就会忘记自己也是动物，并且与几百万种其他生物共享这个星球，我们作为全球生态系统的一部分，与其他生物一起，以一种精巧的平衡方式共存。

当我们完全只顾自己，而不考虑我们的行为会对周边其他物种产生什么影响时，就会酿成大错。

例如，当我们为了建筑材料而砍伐森林，为了采矿而破坏地表，为了发展农业而清理土地。我们用尽了资源和栖息地，而它们对于其他植物和动物的欣欣向荣具有重要的意义。我们的做法导致了一些物种失去了食物资源或栖息空间，或两者都失去了，这最终导致那些植物或动物完全消亡。

这不仅对那些受到影响的物种来说是灭顶

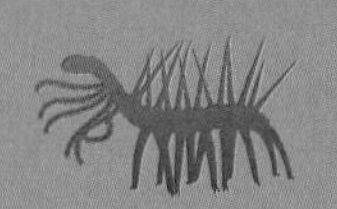

之灾，对人类自己的身体健康而言也是一个大麻烦。我们是地球自然系统中的一部分，我们的生存有赖于丰富的生物多样性。健康的生态系统会生产出我们生活所需的自然产物：我们饮用的淡水、我们呼吸的新鲜空气，以及我们消费的健康植物和动物。

我们与自然世界的联系也会对我们的心理健康产生影响。当许多人意识到我们开采地球资源的方式以及我们对其他物种造成的伤害时，就会产生压力和焦虑——这个问题已经很突出了，以至于“生态焦虑”已经成为我们自己的一个问题。

认识到我们与其他动物休戚相关，不仅能帮助我们理解周遭的世界，而且会使我们更富于同情心。它使得我们更加关心我们周围的植物和动物，这能显著改善我们的心理健康。

徜徉在公园和森林的绿色空间里，能让人更加愉悦，即使回到家中，这种愉悦感仍然不减。

参与一些积极的保育活动也对心理健康具有正面的作用。你不必舍近求远，在自家后院或附近的公园就能接触到自然。了解当地的本土野生生物，参与本地的鸟类和昆虫调查，种一些吸引蝴蝶或蜜蜂的花卉。小小的善举，会有大大的不同。

海南长臂猿

海南长臂猿是世界上最罕见的长臂猿，最罕见的猿类，最罕见的灵长类动物，也极有可能是地球上最罕见的哺乳动物。海南岛位于中国南端。在 20 世纪中叶，这个岛上有大约 2000 只海南长臂猿，在之后的大约 50 年里，它们的数量锐减，进入 21 世纪以来，更是幸存者寥寥。现在，生活在野外的个体约为 35[1] 只，动物园或保护区内没有圈养个体。

当科学家评估一个物种有多常见或有多罕见时，会

1 这是 2021 年的数据。根据 2024 年最新数据，海南长臂猿种群数量为 42 只，呈稳定增长态势。——编注

将它列入保护等级体系中的某一个级别，在该体系中，共有7个受威胁级别。对保育人士而言，有些等级是不成问题的，比如“无危”（Least Concern）；有些则代表了中等程度的问题，比如“易危”（Vulnerable）。而“濒危”（Endangered）意味着它们面临严重的威胁。海南长臂猿被列入这个体系中的“极危”（Critically Endangered），这比“濒危”还糟糕，意味着距离灭绝仅一步之遥。

发现

对于许多已灭绝或濒临灭绝的物种来说，关于它们的详细记录极少，人们对它们存世期间的情形一无所知。

我们没有霸王龙、邓氏鱼或巨齿鲨在灭绝前的任何记录，因为它们在千百万（甚至于几亿）年前就灭绝了，那时，人类自己这个物种还没在地球上出现呢。

可是，我们有海南长臂猿的记录。根据自17世纪以来的一些官方记录显示，这个物种曾经不只在海南岛上被发现，它的分布曾经遍及几乎半个中国。有些记录可能指的不是同一个物种。当时这些地方的地理条件包括了河流、山谷和山脉，能为不止一个这样的物种提供栖息地。由于历史记录往往语焉不详，更没有照片或DNA技术，我们无法确定它们指的是相同物种。

海南长臂猿种群发生了锐减，尤其是在20世纪50—80年代之间。21世纪初期的一个报告显示，当时它们只剩15只，分属两个小规模的家族群，还有两只是种群外的孤独个体。一年后，最大的（全球意义上的）种群规模只有19只。所有这些个体都见于霸王岭国家级自然保护区内。

解剖结构

我没有在野外见过海南长臂猿。但我在印度尼西亚工作时，有幸见到几个不同的长臂猿物种，当它们在森林家园里穿梭活动时，总是看起来像空中飞人或骑着火箭的泰迪熊。长长的上肢和轻巧的身体使得它们能在树冠间晃悠，它们有一系列额外的适应特征，使之成为娴熟的空中杂技明星。

一只成年的海南长臂猿重 6—8 公斤，和一头查理士王小猎犬或你家的一台微波炉差不多重。但是，长臂猿可比一只乖乖的小狗或一台微波炉要敏捷得多！它的头顶上有一丛深色的毛发，像一顶小小的皇冠，因此，它还有另一个名字——海南黑冠长臂猿。

我们在海南长臂猿身上观察到了性别二色性，也就是说，雄性和雌性具有不同的颜

色。成年雄性是黑色的，而成年雌性则是浅黄色或橙黄色的，头上有一簇黑色毛发，随着年岁的增长，会逐步变成灰色夹杂着棕色。刚出生的海南长臂猿是浅黄色的，和成年雌性的毛色相似。但是，在大约一个月后，它们的颜色开始变得越来越深，在大约三个月时，就完全变成了黑色，和成年雄性的毛色相似。当雌性个体在5—8岁之间发育成熟时，它的毛发颜色转变为浅黄色或橙黄色。雄性个体则不会再发生毛色变化，终其一生都是黑色的。

修长的四肢是所有长臂猿种类最显著的特征。长臂猿利用其修长有力的上肢在树丛间摆荡，它们抓着树枝从这里晃到那里，然后换手抓住另一根树枝，又晃到别的地方，用这种方式在树上到处活动。这种特别的活动方式被称为“臂跃行动”，仅见于长臂猿这类动物。

对有些种类的长臂猿来说，臂跃行动占据了活动量的80%之多。对海南长臂猿来说，在放手一根枝条到抓住另一根树枝之间，其空中滑翔的距离可长达12米，

一只海南长臂猿妈妈和它的宝宝一起坐在高高的森林林冠深处，毛色更深的雄性则在监视它们的领域。

相当于成年人的12个大跨步的距离（我猜，比你跳远的距离还长不少）。用这种臂力摆荡的方式，移动速度最快可达55千米/小时。它能连续多次跳跃，每次跨度可达8米，也能利用下肢来走路，走路时上肢高高举起，以平衡全身。长臂猿是所有不会飞行的树栖哺乳动物中速度最快、行动最敏捷的。也有些其他的灵长类动物能够在树上摆荡，但是这不会成为其主要的活动方式。

我通常都会鼓励你去尝试做些实验，但是我不会建议你去尝试臂跃行动。部分原因是，如果你在森林林冠中行进的速度比汽车还快的话，我担心你会受伤。而且我知道你根本就不会臂跃行动，不管你怎么刻苦训练，都学不会。如果你要练就臂跃行动的技能，就需要在手腕处有特别的适应特征。关节是一块骨头与另一块骨头的相连之处，有它就能进行不同类型的活动。你有几种不同类型的关节。位于肩膀和髋部的是球窝关节，它能实现不同方向的活动。在肘部和膝部的

是滑车关节，只能在一个方向上打开和合拢。你的手腕是一个典型的滑动关节。它的活动是有限的，只是光滑表面的相互滑动。长臂猿（包括海南长臂猿）的腕关节不论是看起来还是作用方式都更像是球窝关节，即关节的一部分是球状的，另一部分则是杯状结构，前者就嵌在后者之中。这就使得它的活动幅度非常大，减少了上肢和全身在活动中所需的能量。

合趾猿
白须长臂猿
西白眉长臂猿

各种长臂猿

海南长臂猿

银白长臂猿

黄颊长臂猿

生物分类

回顾长臂猿最初出现在化石记录中的时间，海南长臂猿所属的类群出现在大约300万年前的早更新世。虽然有关的记录呈碎片化，但是我们能将长臂猿追溯到它刚刚独立出来并形成分支的时候。从那以后，它们就与具有最近亲缘关系的亲戚们分道扬镳了。长臂猿是猿类大家族的一部分，这个大家族里，除了长臂猿外，还包括了人类、黑猩猩、倭黑猩猩、大猩猩和红毛猩猩等。黑猩猩在2000万至1600万年前形成一个独立的类群，演化出了独有的特征。虽然有的黑猩猩种类已经灭绝，不过我们现在还能识别出18个不同的物种，可分为4个小类群。

多年以来，人们对黑猩猩的分类一直持有困惑和争议。它们是一个很复杂的类群，对它的细分和认识非常难，保育生物学家利用了遗传学、分类学，甚至它们的鸣叫声来辨认和鉴定不同的种类。

在 20 世纪的大部分时间里，海南长臂猿都被认为是黑冠长臂猿，后者是在中国大陆发现的。也有些科学家认为它有些许不同，但还不足以独立成为一个物种，因此当时将其称为黑冠长臂猿的海南亚种。后来，它被认为是极危的东黑冠长臂猿，这个物种是在中国和越南交界处的一小片区域里发现的。当科学家做了 DNA 分析后，才确定它应该是一个独立物种，即海南长臂猿。遗传学研究结果、毛色差异，以及独特的鸣叫声，显示了它是一个完全独立的物种。海南长臂猿除了是一个独立物种之外，它也代表了长臂猿家族史上的一次古老的分离，即它在大约 300 万年前与现存的其他长臂猿物种分道扬镳了。

这个过程很像一个侦探故事，它和生物学领域内的许多其他故事一样，甚至在科学界内普遍如此，研究过程总是跌宕起伏，有时甚至扑朔迷离。也因此可见，想要完全认识一个事物，坚持收集数据、对研究不言放弃是多么重要。我们知道的越多，我们理解的也就越多。

生态环境

长臂猿生活在热带和亚热带雨林中，从孟加拉国东部到印度东北部，从马来西亚、泰国和越南到中国南部和印度尼西亚，后者包括苏门答腊、婆罗洲和爪哇等岛屿。

海南岛的气候炎热而潮湿，森林分布在山沟和峡谷的陡坡上。气候以热带季风为主，你能看到天气模式受强风影响很大，具有明显的旱季和雨季。在一月和二月，气温在 16℃左右，到了夏季，则上升到 29℃，甚至高达 35℃。在有的山地区域，冬季气温明显低很多。

在长臂猿的栖息区域，当雨季来临时，雨量很大，全年雨量高达 2400 毫米。海南长臂猿仅见于海拔 800 至 1100 米以上的山地雨林。

现在仅存的长臂猿几乎所有时间都在树上度过，它们以树叶和果实为生。研究人员估计长臂猿在它们的森林家园里以至少100种不同的植物为食。

我们不会一本正经地从实用主义的角度来看待野生动物，但是长臂猿的确在它们的自然栖息地里承担了重要的角色，海南长臂猿也毫不例外。它帮忙在森林里散布种子，播种的时候还顺带施点肥。如果你心生疑惑，那不妨动动脑筋想一想：它们吃非常多的水果，许多水果都有无法被消化的种子，这些种子迟早要在某个地方被排出体外，而且被一小坨粪便包裹着，这就能帮助种子发芽生长。这事儿听上去有些恶心,但是，对于保持森林的丰富多样性来说，功不可没。

虽然对海南长臂猿来说，如果忽略人为因素导致的胁迫，它们几乎没有什么来自天敌的危险，但自然界中可能捕猎它们的仍有云豹、黑熊、蟒蛇和大型猛禽。

在岛上，海南长臂猿生活在三个不同类型的森林栖息地里。第一种，也是最好的一种栖息地是原始森林，即古老成熟的森林。在这种栖息地里，长臂猿通常生活在离地至少10米的树上。在20世纪，由于林木砍伐和橡胶林种植，许多原始森林被毁坏了，目前只有4%的原始森林得以保留下来。由于开发非法的纸浆树种植园，海南长臂猿栖息地的25%都已经被毁坏了。随着栖息地的日渐萎缩，长臂猿被赶到了更高海拔的山区，那里是不那么适宜的栖息地。

长臂猿也栖息在次生林中，这种林地受到一定程度的砍伐，但也开始重新生长，即在较为成熟的森林中掺杂了大量新生树木。次生林栖息地有更多的树，但是它们不够高，食物和水资源也较少。这种栖息地对健康的长臂猿种群来说并非最佳。

低矮森林更糟糕，但凡有机会的话，海南长臂猿在那里活动的时间都会少于1%。可是，持续的栖息地破

坏迫使海南长
臂猿在它们并不
喜欢的栖息地里
待更长时间。

栖息地 

海南岛的面积为 3 万多平方公里，位于中国南部。该岛被列为亚热带和热带混合栖息地。目前现存的海南长臂猿生活在霸王岭国家级自然保护区，它是海南岛西部的一个保护区域，面积约为 300 平方公里。

年代

基于我们已有的最佳证据，海南长臂猿所属的类群在中国出现于早更新世，大约 300 万年前。它们的数量已经大幅下降，但仍然存在，可悲的是，数量极少。

行为

海南长臂猿是一类社会性动物，这也是所有其他长臂猿都有的特征，对于其他灵长类动物来说，多多少少也是如此。

它极具领域意识，不过和许多其他领域性动物相比，它不会选择打斗，而是向对方示警，向竞争者鸣唱。这种鸣唱宣示由雄性和雌性之间形成一首两段式的歌，可以在一公里以外听到。如果这群长臂猿里有年幼个体，它们也会参加“大合唱”。每只长臂猿都有独特的嗓音，人们可以根据嗓音来辨别不同个体，科学家也能够利用这种鸣唱来给同一个森林栖息地中的不同家族群进行定位。海南长臂猿为了交配也会进行二重唱，家庭之间也靠它来交流。

鸣唱从每天的大清晨就开始了，每段鸣唱的持续时间为 5 分钟至 20 分钟不等。晨曲有助于加强雄性和雌性之间的关系，也警告附近的其他长臂猿：听到我们的声音没？这是我们的地盘！

一个长臂猿家族群包括一只成年雄性和最多两只成年雌性，它们的领域通常有 1.49 平方公里左右。每只雌性长臂猿每两年产下一只幼崽。如果在同一个家族群里有两只雌性，它们会轮流产崽，对家族群来说就是每年一胎。

海南长臂猿宝宝在头 8—9 个月里几乎一直粘着它们的妈妈。当它们长到两岁时,就能独自行动了，自己觅食，自己玩耍，自己探索这个世界。在 5—8 岁之间，当它们最终发育成熟时，便离开家族群，或加入别的家族群，或自己建立小家庭。长臂猿的雄性和雌性通常是终身相伴的。

我要问专家

卡罗琳·汤普森博士是瑞士—英国灵长类动物学家（研究灵长类动物的科学家，研究对象包括猴子、猿类、狐猴和眼镜猴）。她在这个领域工作已有 15 年，其中 8 年专注于长臂猿研究。她目前是伦敦大学学院和伦敦动物研究所动物学会的博士研究员。卡罗琳在闲暇时间里为保育组织撰写灵长类动物主题的童书。

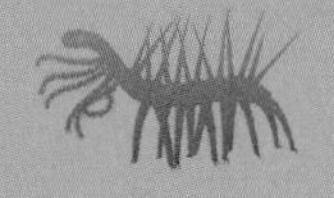

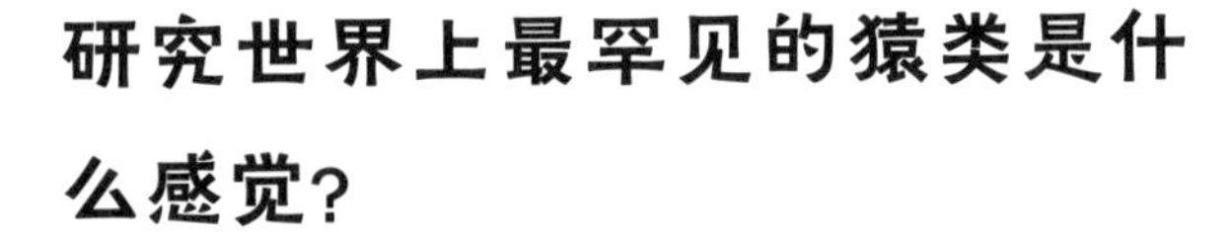

研究世界上最罕见的猿类是什么感觉?

你听过猿唱歌吗?又或者你见过它们纵身一跃便滑过 12 米的距离吗?你如果有幸亲眼见到长臂猿,那么,第一次亲眼目睹必定终身难忘;讽刺的是,它们也被称为“被遗忘的”猿类,因为和它们的大个子猩猩表亲们相比,长臂猿获得的资助和研究关注度都要少很多。

当外面还是漆黑一片时,你就醒了,迫使自己跳下床。你随便穿几件旧衣服,然后抓起背包,里面有你一天工作所需的所有东西,包括急救用品、指南针、水、午餐和你的数据表。你从营地出发,走进森林,照亮小径的是你的头灯。曙光初露,森林开始了生命的欢唱。你听到一个声音盖住了鸟类的大合唱和蝉鸣声,那是最令人难忘的美妙歌声,那就是长臂猿的

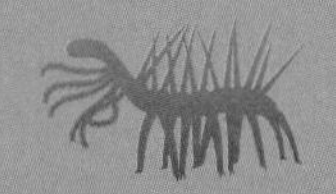

鸣唱。

我第一次与长臂猿的相遇是在印度尼西亚的婆罗洲，当时我正在为一个保育组织工作。当得知由于栖息地丧失、狩猎和贸易而导致每 20 个物种中就有 19 个物种濒临灭绝时，我深感震惊。当我听到长臂猿的鸣唱时，我知道，我也找到了属于我的歌。

在中国和越南的几个碎片化森林中，人们发现了三种最罕见的长臂猿，我现在的工作就与它们有关。这其中就有世界上个体最少的灵长类动物——海南长臂猿，现存数量低于 35 只。

研究野生长臂猿包括追随这种身手敏捷的猿类，哪怕当它们穿越树冠时也是。我竭尽全力去尝试记录它们的一举一动：它们去哪儿？吃什么？跟谁打交道？不过，我的工作不全在森林里。为了调查为什么长臂猿的消失速度如此之快，我们需要了解人类和长臂猿之间的互动。由于大部

分的长臂猿保护困境都是由人类引起的，将人类列入解决之道就并非无稽之谈了。

为了提出可持续共存的策略，我有幸融入当地的社区生活中，以了解当地人对长臂猿的评价和态度。我发现我常常帮忙种植咖啡，笨手笨脚地参加传统舞蹈，参与一些美食大冒险，比如啃鸭头，吃百年蛋（西方人将皮蛋称为百年蛋，可别望文生义而真的以为它有一个世纪那么久！皮蛋是一道中华美食，将蛋与浓茶、石灰、盐和新鲜草木灰混合放置 2—5 个月，发酵后即成）。

对长臂猿的田野调查总是充满意外。虽然有时非常具有挑战性，也是一桩苦差事，但能够不知倦怠地为这种最罕见的猿类工作本身就是一个荣耀，虽然它们的数量很少，但其鸣唱回荡在我们耳边。对我来说，它们的鸣唱是一个响亮而重要的宣示，提醒我们，它们仍然在那里。

人类世大灭绝

大灭绝事件的清单不算长，但每一次都让地球改头换面，而且每一次都独一无二，要么是发生的方式很特别，要么是产生的影响与众不同。然而，以前的大灭绝，没有一次是由单个的物种所引起的。而这一次不同了。我们是否正在进入一次大灭绝？或者我们是否已经身处大灭绝之中？以及这次是第六次大灭绝，还是第七次或第八次？目前关于这些疑问还有待商榷。对此毫无争议的一点是，无论这是第几次大灭绝或我们身处大灭绝的哪个阶段，唯一需要指责的物种就是我们自己。因为人类对地球环境及生活在其中的物种产生了巨大的影响，鉴于此，我们对现在这个时期和这个特殊的大灭绝采用一个新的名字，称之为人类世和人类世大灭绝。

人类世（Anthropocene）这个名字来自古希腊语，“Anthropos”意为“人类”，“cene”意为“最近的”或“新的”。人类世处于全新世之中，全新世始于11500多年前。科学家尚未完全接受人类世这个提法，关于它始于何时仍然存在争议。有人认为它应该始于15000年前至12000年前之间，我们认为人类农业就始于那段时间。随着农业的发展，栖息地发生改变，与农业相竞争的动物被猎杀，在许多地方，农场动物取代了野生动物。

也有其他人认为人类世始于大约1500年，我们在全世界物种的历史记录中看到，从那时候开始灭绝率上升了，显著高于“日常灭绝”背景值。

还有一些人认为，1945年，一颗原子弹结束了第二次世界大战，同时标志着人类世的开启。随着科学家们的持续讨论，我们在未来几年内应该会对人类世有一个更准确的认识。

起因

我们已知的大灭绝元凶有：以 70000 千米 / 小时的速度砸向我们的小行星、令海洋生物窒息的有毒藻类、高耸冰川导致的冷冻星球，以及岩浆遍野形成的炽热星球。在地球的生命故事中，它们有差异之处，也有相似之处，但是，当下人类世的不同之处在于，这次大灭绝是由人类导致的。

当我们面对人类世时，它看起来可以分成两部分。首先似乎是关于影响特定物种和栖息地的特定原因。这类事情一再发生。我们捕杀这个，捕杀那个，许许多多，驾轻就熟。我们为了获取食物而大开杀戒，比如生活在岛上的渡渡鸟，它在 1662 年左右消失，或者身形巨大的大海牛，它在 1768 年灭绝。还有一些物种则因为人们的消遣娱乐而被捕猎至灭绝，比如阿特拉斯熊，它曾被用来与罗马角斗士对决。还有些物种因为人们需要它们的某些身体部位而被猎杀，比如大海雀，它的羽毛被用来做枕头，或者海鼬，人们为了获取毛皮而捕杀它们。有些物种，比如身上有条纹的漂亮的袋狼，因为它们自己是捕猎者而被人类捕杀，它们甚至没有被好好认识，人类对它们的恐惧完全是不必要的。人类世早期的这些灭绝已经够糟糕的了，它们大多影响一些单个物种或破坏有限的栖息地。我们并未见到有成群的生物被灭绝或整个生态系统被破坏。

大海雀

然而，我们后来看到的不再是有限范围内的影响，取而代之的是开始目睹最新的全球范围内的大灭绝事件。这个变化在很大程度上是

海鼬

因为起因发生了转变。捕猎仍然在继续，个别物种仍然濒临灭绝，局部栖息地仍然遭到砍伐、焚烧或施毒，但是在我们现处的这个人类世阶段，导致灭绝事件背后的起因发生了加速和激增。

一切都起于工业革命阶段。在 1760 年至 1820 年期间，欧洲和美国爆发了工业革命，生产方式发生了根本性的转变。我们从手工制造转变为机器制造，几乎在一夜之间，我们拥有了蒸汽动力、水动力，以及最终出现的电。工厂如雨后春笋般出现，我们也发展出了新的化学生产流程。区域生产转变为全球工业。为了给这些工厂、机器和相应的生产流程提供动力，我们燃烧煤、石油和天然气。这些都来自地下，即所谓的化石燃料，它们产生于数百万年前，有的的确由化石组成。

利用化石燃料有两个弊端，一个

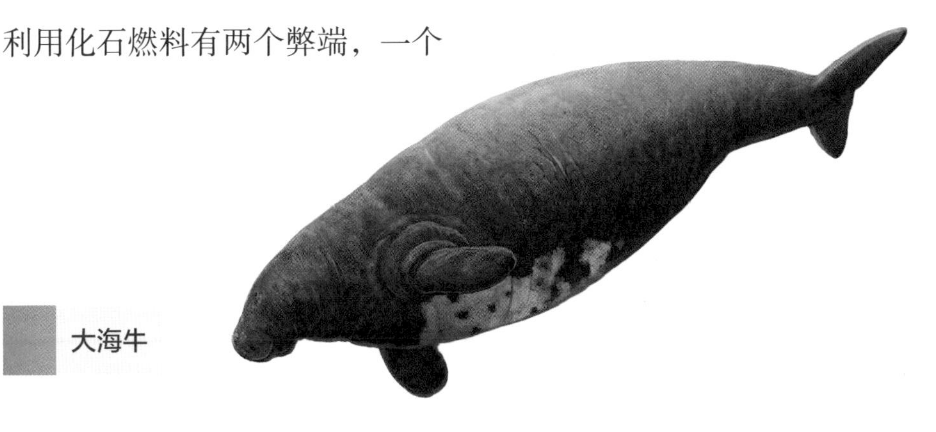

大海牛

是它们的储量有限，另一个就是从地下或海床开采时会对当地环境产生严重破坏和污染。

镐嘴秧鸡

可是，还有第三个弊端，而且是最大的问题：化石燃料有毁灭性的副产品。许多反应都会有副产品，比如你快速搓手就会产生热量；又比如，蜜蜂的嗡嗡声并不是它在嗡嗡地叫，而是它的翅膀以每秒钟200多次的速度扇动时发出的声响。当化石燃料被燃烧时，不仅产生能量，还会释放出温室气体这种副产品，正是这种温室气体具有全球性的大规模破坏力。温室气体就像真的温室一样能够捕获热量，防止被捕获的热量穿过大气层逃逸出去。

温室气体有很多种，你可能对二氧化碳，也就是CO_2很熟悉。虽然我们需要一些二氧化碳来使得地球保持温暖，但越来越多的二氧化碳意味着会有太多热量被捕获，最终导致全球暖化，这是一个很严重的环境问题。地球过热，就会使得物种更难生存。

如今，科学家对释放进大气层的二氧化碳水平忧心忡忡，测量和监控以衡量它的排放变化幅度是非常重要的。就在当下，我们估计每年约有 400 亿吨二氧化碳被排入大气层。10 亿吨相当于 1 万亿公斤，相当于 1 万亿袋 1 公斤装的糖的重量！

你可能没有想过，现在地球的平均温度是 15℃左右，但是，在地球的整个历史上，它曾经比这热得多，非常非常热。比如，在二叠纪末期，地球被 60℃的热浪炙烤，海岸带栖息地的水温可能高达 40℃。如果这听起来似曾相识，那你应该记得，这些温室气体的巨变及其导致的

歌利亚氏蜥

毁灭性气候变化使得地球上发生了前所未见的最可怕的大灭绝。如果你为此担忧，那还不算是坏事，我们应该要担忧的是历史（或史前历史）再度重演。

就栖息地破坏、生物多样性丧失和最终的灭绝而言，气候变化是最大的问题，但还不是唯一的问题。在当下的这个灭绝危机中，导致灭绝的原因几乎和受胁濒危的物种数量一样多。

阿特拉斯熊

栖息地毁坏也由更直接的活动导致。在全球范围内，海洋栖息地正在遭受人为的破坏。以英国为例，高达 97% 的英国海洋保护区域受到严重的人为干扰，人们或为了开采建筑工业所需的石块和卵石而破坏海岸带，或为了捕鱼和捕捞其他海洋物种而使用底拖网。陆地栖息地则被砍伐、焚烧、采矿、施毒以及侵蚀。

巨狐猴

自从人类文明出现后，人类驱使的栖息地破坏已经使地球上的树木数量减少近 50%。这个影响也显现在更特化的栖息地中，比如热带雨林，从曾经的大约 1600 万平方公里被削减到如今的不足 900 万平方公里，砍树如削泥，真是毫不夸张。科学家们估计每年有 150 亿棵树被砍倒。没错，150 亿，你没看错，你知道这是一个怎样的天文数字！实在太令人震惊了。只有 15% 的欧

世界各地的栖息地都正在遭受破坏——森林被砍伐，草地被焚烧，海岸栖息地受到污染。人们用巨大的捕捞网来捕获那些生活在砂质海床里面或上方的物种，一只海龟正在绝望地试图挣脱这样的网。这种捕捞作业会毁坏珊瑚礁、海草床和鱼类育幼场。这种破坏导致的后果能延续数百年。

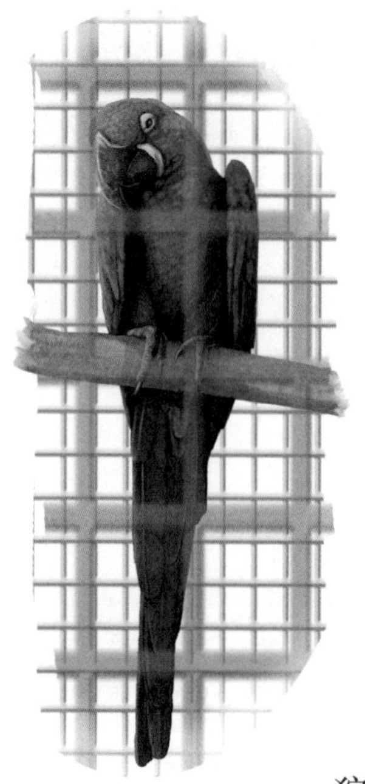

洲陆地还未被人类改变。

放眼全球，大约 20% 的海岸带栖息地已经被人类改造得面目全非。35% 的红树林栖息地已经被破坏。大约 20% 的珊瑚礁已经被破坏，另有 20% 由于过度捕捞、污染和入侵物种而严重退化。在有些地方，超过 90% 的珊瑚礁系统已经被毁坏殆尽。

狩猎给许多物种都带去了麻烦。不计其数的物种由于各种原因被猎杀，比如，大象的象牙、犀牛的犀牛角、穿山甲的鳞片、鲨鱼的鱼翅、熊的胆汁等。

同样，野生动物的非法宠物交易也正在毁灭野生种群，驱使更多物种濒临灭绝。来自珊瑚礁的

海洋鱼类、鸟类、爬行动物、狼蛛和蝎子等无脊椎动物，以及包括猴子及其近缘物种在内的许多哺乳动物都被非法从野外捕获，豢养在条件很差的环境里，通常在它们成为宠物的第一年里就死掉了。污染导致的威胁，从塑料到有毒化学物质，使更多动物受困于垃圾堆，因被污染而中毒，或是被剥夺了繁殖和生育后代的能力。

很显然，在当前的灭绝危机背后，有雪崩一般的原因。气候变化是其中最为显著的，可是，如果我们对栖息地破坏、滥捕滥杀、过度开采、污染和其他任何一个威胁地球生命的因素视而不见的话，那无疑是非常愚蠢的。如果我们不处理好所有问题，那我们就会麻烦不断。

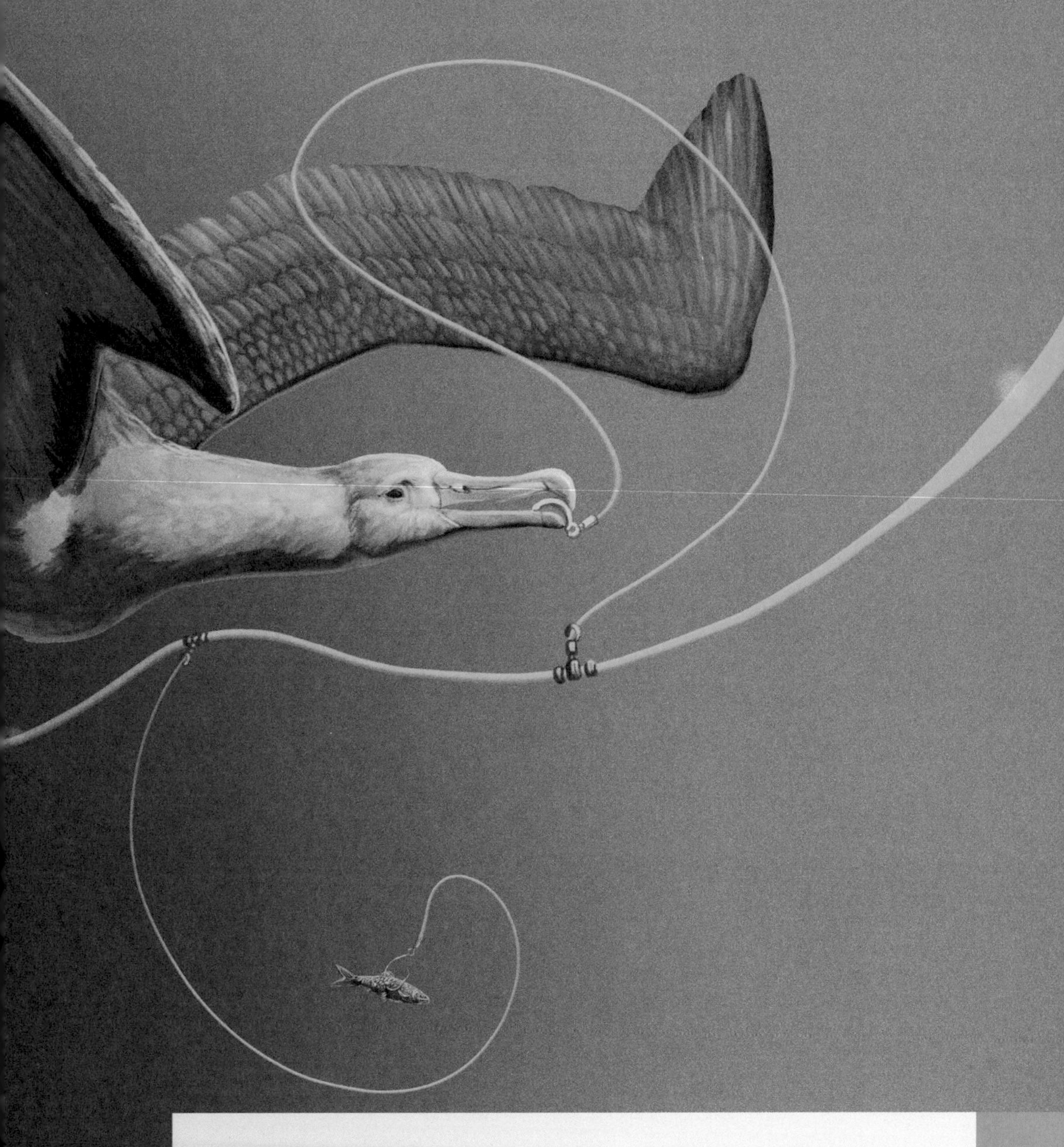

许多人的生存要依赖来自海洋的食物，但是捕鱼技术各有千秋。延绳钓会导致意外误捕海豚、海龟和海鸟，就像这只信天翁。我们必须认真思考我们的食物是从哪里来的，我们会对我们的星球产生什么样的影响。

影响

气候变化是地球目前面临的最大威胁，人类自身也未能置身事外，因此我们需要更好地认识它，明确知晓当更多二氧化碳被排放进入大气层后，会引起什么后果。

虽然后果很多，可以列一长串清单，但其中与大灭绝最相关，也最具破坏力的有两个：首先是全球变暖。植物的分布和繁殖，无不受其影响。其次是不断增加的二氧化碳浓度会在各大洋和全球海洋生态系统中产生严重的问题。

二氧化碳会被海水吸收，大气中的二氧化碳越多，被海水吸收的也就越多。当海水和二氧化碳这两者发生反应时，会产生一种酸，叫作碳酸，日积月累，就会提高海水的酸度。当这种情况发生时，它会对海洋生态系统造成广泛的破坏，比如有些小型有机物具有柔软的外骨骼或外壳，它们就会被酸腐蚀，最终死亡。

科学家已经告诉我们，海洋酸度在过去 200 年里上升了25%。展望未来,除非我们采取有力措施,不然的话,酸度还会上升,使得海洋物种的生存越来越困难。

我们作为科学家,不能简单地说什么东西多了,什么东西少了,而不提及理想的水平是多少,我们必须更具体一些。好,大气中应该有多少二氧化碳?我们通过特定气体与另一种气体的比例来计算,所用的单位为"百万分之一"(或ppm)。例如,如果我们观察空气中氪(构成大气层的众多气体之一)的含量,我们会发现它略高于1ppm。这就意味着在我们的大气样品中,如果有100万个分子,那其中一个是氪分子,其余999999个分子是其他气体。如果我们观察目前大气中的二氧化碳,它大约是412ppm。当我们回溯到200年前,工业革命初始时期,我们会看到现在的这个数字比那个时候高了50%,非常堪忧。从二叠纪末期大灭绝以来,如今的二氧化碳释放速度是最快的。这意味着我们正在燃烧所有可得的化石燃料,而且尚未罢

休，还要向大气层再释放多达 5 万亿吨二氧化碳。

气候变化对生物多样性造成了毁灭性打击，有的结果是慢慢显现的，有的则立竿见影。在 2020 年，异常的旱灾导致世界上的许多地方都发生了可怕的森林火灾，野火肆虐了数月之久。虽然我们最终都无法确切知道数据，但科学家已经估算出有几十亿只动物因此丧生，包括 1.43 亿只哺乳动物、24.6 亿只爬行动物、1.8 亿只鸟和 5100 万只蛙类丧生或被迫迁徙。

在别的地方，由于气候变化，北极熊正在失去它们捕食所需的冰盖，海豹正在失去觅食地，几万头驯鹿在冬季死去。

由于海水酸性越来越高，我们看到有些海洋无脊

椎动物正在溶解。海龟蛋也深受影响，孵化幼龟的雌雄性别比出现了变化。有些鲸为了生存，不得不到更远的地方去觅食，因为浮游生物的分布受到了水温上升的影响。事实是现在有几百个（可能数千个）这样的例子显示物种是如何受到气候变化的威胁的。当务之急并非是对这些坏消息感到焦虑，而是决心有所作为。

化石燃料在不同尺度上影响着我们这个星球，在大尺度上影响气候，在小尺度上污染环境。在这种溢油事故中，有些不走运的海鸟的羽毛沾上了油污。除非可以去除油污，不然这些鸟就无法潜水、觅食或清理自己的羽毛，最终将会死去。

我要问专家

瓦哈吉·马哈茂德—布朗是一名海洋生物学家，他在攻读博士阶段研究了海草床的恢复。他是英国海洋生物学会成员，专长是生态学研究，即生物群落与环境之间的相互作用。他在英国藻类学会工作，致力于提高公众对海藻的认识，了解它对野生生物、环境和人类的重要性。

为什么海洋环境如此重要？

你知道我们正生活在冰期吗？北极和南极仍然被冰雪覆盖着，那些冰来自更新世时期，该时期终结于 10000 年前。当时地冻天寒，猛犸象还漫步在地球上。在随后的全新世里，气候越来越暖和，也越稳定。天气变得更加可预测了，极富规律的季节性雨水使得人类发展出了农业，让我们能够主宰这个星球，文明得以发展。

在过去的 10000 年里，拜海洋所赐，我们享受了地球 45 亿年历史中持续最久的稳定且温和的气候。海洋水流的运动模式产生了影响地球气候的“金发女孩效应”——既没有太热，也没有太冷。这个效应也得益于极地的白色冰盖，它能将来自太阳光的能量反射回太空。

海洋覆盖了大部分地球表面，我们呼吸的

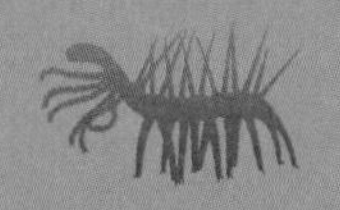

氧气中有一半是由浮游植物产生的。但是海洋动物并不是均匀分布的。无论是对野生动物还是对人而言，毗邻海岸带的浅海地区都是生产力最高的区域，包括了珊瑚礁、海草床和巨藻林。千百年来，人们在海岸带捕鱼和生活。然而，自从 19 世纪工业革命以来，全球人口增加了十倍。随着工业化捕鱼、海岸城市化和污染，海洋野生生物正处于极端压力之下。

所有胁迫中，最严重的无疑就是气候变化，它是由我们使用的化石燃料以及二氧化碳在大气层中的积累所引起的，大气中越来越多的二氧化碳使从地球逃逸到太空中的多余热量减少了。这些多余的二氧化碳大部分都被海洋吸收了，但天下没有免费的午餐。二氧化碳使得海水日趋酸化，珊瑚、海螺和浮游植物等许多海洋生物越来越难以形成坚固的石灰质部位。国际自然保护联盟认为，这些环境压力可能导致三分之一的海洋物种

灭绝。

海草床是海洋栖息地中最重要的类型之一。海草是唯一演化后生长在海底的植物，在全世界的浅海水域都有分布。它们是稚鱼的育幼场，为数百种其他物种创造栖息地，包括海龟、海牛和海马。不可思议的是，它们吸收并固定的二氧化碳比热带雨林还多。

但是，英国已经丧失了 90% 的海草床。因此，类似海洋保护信托基金那样的慈善组织正在重建海草床，旨在减少大气中的二氧化碳，恢复海岸水体的生物多样性。为了帮助这样的保护行动，我在博士生期间研究出在实验室里克隆海草的技术，此后我们就能以更快的速度进行海草补种，恢复海草床。下次当你在低潮期间去往砂质海滩时，留意那些不起眼却很强大的海草。它对我们的生存至关重要。

保　护

我希望当你读到这里时，你已经读过这个系列的其他几本书，并且是饶有趣味地读到这里。我也希望你对灭绝有了更好的了解，包括灭绝的过程、它在一个生态系统中所起的作用，以及大灭绝如何塑造了我们的世界。我最后一个愿望是，你现在知道我们这个星球以及生活在这个星球上的物种正在面临的威胁，并且你愿意为此尽一份力。

好消息是你能做得到。这不仅是第一个由单个物种

魔鬼毒蛙

造成众多其他物种灭绝的大灭绝事件，而且也是第一个有单个物种主动积极地试图拯救其他物种的大灭绝。我们将后者叫作保护。

如果你向十个人提问，问他们如何看待保护，你可能会得到十个不同的答案。许多人似乎认为，保护就是怀抱着那些可爱的动物孤儿，一整天都和老虎宝宝、熊猫宝宝和红毛猩猩宝宝一起玩。如果你是这么认为的，那么，请三思。

如果我们寻找关于保护的简单定义，那就是旨在拯救物种、栖息地和生态系统的行动。保护是科学界的一个非常重要的领域，由许多有实力（通常也比较综合）的研究所背书和支持。保护主义者并不是动物玩家，他们是生物学家、植物学家、兽医、数学家、经济学家、地质学家、物理学家、化学家和一群来自科学、银行业、商业、教育和其他领域的专业人士。如果你想要开展真正的保护工作，就不只需要那些懂得植物和动物知识的人，还需要具有不同背景的专家。

如果你听过我的任何一堂课，你会看到我花时间讨论物种是如何演化的，以及我们能在怎样的水准上保护它们。要学的知识很多，但是我最先教的是：成为一个保护主义者并不只是关乎你试图保护的动物或植物，更多的是协同合作，无论是与当地社团、公司、企业还是政府一起。总有人说被拯救的动物比与之休戚相关的当地民众更重要。他们太鼠目寸光了，按照这个思路，他们根本干不好保护事业。

我们来做个小实验。你设想三个物种，它们必须是不仅濒临灭绝，而且你认为它们必须得到拯救。好，想好了吗？我没有接受过专业的读心术训练，但是我猜你的名单里不会包括类似鼻涕虫、青蛙

鸮鹦鹉

或秃鹫那样的物种。我百分百认为你脑子里根本就没有想到过植物（没错，我说的是“物种”，而不是“动物物种”）。我敢打赌你的名单里包括了类似老虎和北极熊那样的动物，当然，还有人见人爱的熊猫。我没说错吧？

在那些被认为最值得保护的物种中，似乎有几个明星物种，并且大部分人首先想到的都是动物，而不是植物。我猜，在你的动物清单里，不会有不起眼的欧洲鳗鲡、新西兰的长相奇特的鸮鹦鹉或墨西哥那边倒霉悲催的加湾鼠海豚。它们都是极危物种，和漂亮的老虎、令人惊叹的北极熊和可爱的熊猫相比，它们可以说是分别代表了需要得到更多帮助的鱼类、鸟类和哺乳动物。所以为什么明明有些物种亟待保护，甚至需要得到更多的关注，然而却是另一些物种得到了更多的关照？这看上去很不

加湾鼠海豚

公平。不过，如果你把保护视为一个商业案例的话，就豁然开朗了。真相是我们没有足够的钱或能力来支持每一个需要我们帮助的物种。

设想一下，如果你想拯救森林里一些极其罕见的蜗牛，你觉得你会得到大量支持吗？现在我来告诉你，你会在筹款方面陷入困境。并且，即使你确实筹集到足够的资金了，你也不太可能拯救蜗牛以外的东西，可能连它们啃食的植物都不行。现在，你再设想一下在同样的森林里，还有一些猴子，它们很可爱，有一张非常讨喜的脸。我其实并不这么看待猴子，但是你能看到它比罕见的蜗牛更受欢迎。猴子立竿见影就占了上风，而且不难想到，募款会变得简单很多。即使猴子并不需要

欧洲鳗鲡

有些物种更大，更受欢迎，有时也更可爱一些，对它们的保护能惠及其他不那么出名的物种。通过保护乌干达森林中的黑猩猩，我也能够对其他物种有所作为，比如犀唑蝰、巨地穿山甲、鸟类（如褐色娇小的浦氏非洲雅鹛）、非洲长翅凤蝶，甚至还有树木，比如桃花心木。

那么多的帮助，但仍然有一个论点是，以它们为焦点是一个更高明的策略。你不仅能更成功地募集到资金，而且将猴子作为关注焦点，你能够间接地拯救许多其他动物、植物和森林中的其他生物。这就是我们所说的旗舰种和伞护种。

“旗舰种”一词直接来自历史。以前，如果两国交战，并且双方都有水军的话，明确哪条船是哪一方是非常重要的。所以双方都有一条旗舰，并且船如其名——船上有一面很大的旗帜。旗舰行驶在船队的前方，让每个人都知道这些船属于哪一方，避免发生让人尴尬的状况，比如朝自家船队开乌龙炮，或放任一群海盗上船。旗舰种的作用也是如此。一个物种被选为旗舰种，是因为它能够代表许多其他物种。当我们谈到旗舰种时，不妨把它作为保护事业的吉祥物。它们代表的远不止它们自己，帮助它们也就是在帮助其他物种。

接下来谈谈伞护种。它与旗舰种相似，即一个物种让许多其他物种受益，但是旗舰种通常是特意挑选的，而伞护种可能是意外之举。通过财务支持，旗舰种能被用来助益其他物种，但是，保护伞护种能对其他物种有更加立竿见影的影响。旗舰种可以被用来帮助地球上任何地方的物种，后者可能与旗舰种并不相关，也没有任何联系，而伞护种只对同样栖息地或生态系统中的其他物种有用。还有很多其他保护工具，可以不同的方式来施行，但旗舰种和伞护种是所有保护工作都会应用的。

保护工作中，另一个至关重要的部分是与当地人的合作，我们称之为社区发展项目。这是一个非常广泛的领域，关于这个话题，我们轻易就能讨论几个小时。这个领域也很宽泛，它可被分为两部分：帮助当地社区得到他们的生活所需，比如打井、建立诊所或购买农田，以及帮助他们获得一些非物质性但可以说是更加重要的事物，比如更好的卫生保健和教育。通过与当地社区的合作，保护当地物种、栖息地和生态系统就能更加容易一些。

我们是始作俑者，但是我们在拯救物种、栖息地和生态系统方面也是必不可少的。我们对这个星球研究得越多，我们所知也越多。社区和个人正在重建和促进栖息地的再生，关心其中的物种，与此同时，许多国家正在保护环境。

你能做什么？

小丑鱼

花几分钟想想你最喜欢的物种。可能是黑猩猩或小丑鱼、乌鸦、洞螈或臭鼬，或者是橡树或捕蝇草。现在再想象一下，如果一个世界没有你最喜欢的物种，它们消失了，灭绝了，那个世界会是怎么样的？这个图景真是令人悲伤，不是吗？如果我们把这些活生生的物种推向灭绝，使它们最终只见于历史书籍，那我们怎么给我们的孩子或孙辈们解释呢？全世界的政府、学校、企业、社团和个人（这是非常重要的）已经做了许多努力，这表明，无论我们多么渺小，无论我们的声音多么微弱，我们都可以有所作为。

我们不得不保持积极乐观的态度，并相信我们每一个人都能做出改变。如果不这样的话，那我们的努力还有什么意义呢？你可能觉得这套书

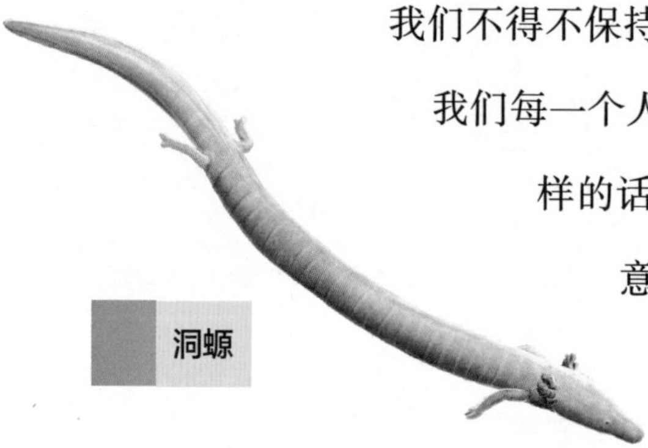

洞螈

是关于灭绝的，但是，这种积极的态度才是我想要呈现给大家的。这本书已经给了你前进所需的知识。这一切都是为下面这句简短的话做铺垫：

你有改变世界的力量。

就是这样。它可能听上去很简单，或者可能听上去有些不可能，但是的确如此，我想要你们都相信这一点。

横斑林鸮

我们怎么购物，在哪里购物，这会产生很大的不同。当我们购买本地的应季产品，就能降低反季节种植所耗费的能量，或漂洋过海数千公里的运输所耗费的能量。

我是一名素食者，但你不可能像我一样完全改变你的饮食习惯。也许你能让你们家减少肉类食用，或者看看学校能否设立“无肉星期一”。如果你想更进一步，改变

捕蝇草

你的饮食习惯，这取决于你自己，你可以食用可持续渔产品或当地的有机肉类，这就好过什么都不做。

当你在超市采购家庭用品时，在商品标签上看看有没有一种产品叫棕榈油，然后做些调查，了解一下为什么这是一种很神奇的油类，它为什么导致了亚洲，现在是非洲，大量的栖息地问题，以及为什么它正在导致三种红毛猩猩濒临灭绝。希望我们能在以后看到更多的标签显示“可持续棕榈油”。

尽可能遵守循环使用原则，减少你丢弃的包装垃圾，尤其是尽量少买少用一次性塑料用品。小举动也有大作用，比如购物时使用帆布袋，喝茶和喝咖啡时使用可多次使用的杯子，以及不使用塑料吸管等。

种植一些野花，在院子里留一个角落来保留野趣，多骑车，多步行。

捡拾垃圾或建议你的学校组织一次当地公园的清洁活动。可能的话参与一次海滩清理活动。

每一个行动都是有意义的，

世界会表达谢意。很多人会说你改变不了什么，或者说这些事情改变不了世界，但是他们错了。可能是他们太懒惰，也可能是不在乎，或者他们就是有理由让人们觉得他们无法改变世界。没关系，你有让企业动摇的力量，你能改变世界。不要忘记这一点，并且永远不要听信那些丧气话。

我希望你有一天能成为一名科学家（显而易见，这是世界上最棒的职业），当然，我也知道，这不适合每一个人。因此，无论你是否成为科学家，我希望你能像科学家一样思考。相信证据，查验数据，不要过于轻信，比如仅仅基于你的愿望，或者因为有人告诉你它非常主流或人尽皆知，或只是因为它来自嗓门最大的那个人。有的事情即使不是你想要的答案，你也要掂量一下证据。如果我们中的大部分人都这么做，都能相信科学，这个世界就将成为一个更美好的地方。

那么，地球上的生物会有什么样的未来呢？我不知道，我们没有人知道。我只确信现在这个自然世界正面临越来越严重的威胁，而且这个威胁比人类历史上的任何时刻都严重。接下来的若干年将会是非常关键的时刻，地球生命的未来就在我们手里。如果你为有这么多栖息地被破坏而担忧，为有那么多物种濒临灭绝而担忧，那么记住，在这个星球的整个生命史上，从来都没有像现在这样，有那么多人为这些栖息地的保护和物种的生存而奋斗。而你，就是其中一员。

术语表

生物多样性 Biodiversity

在一个特定的栖息地或生态系统中，植物、真菌、动物和其他类型的生物体的多样性。一个健康的栖息地或生态系统通常有更高的生物多样性。

二氧化碳 Carbon dioxide

一种天然存在的温室气体。在正常浓度范围内，二氧化碳对捕获我们环境中一定水平的热量至关重要。当它的浓度过高时，就会发生过热。

生态学 Ecology

生物学的一个专门领域，关注生物与外在环境之间的关系。

环境 Environment

一个生物或一类生物的生活环境。它不仅包括其他物种，也包括气候、天气、山脉、沙漠、河流、湖泊、海洋，等等。

动物群或动物区系 Fauna

来自某一地区或某一时段的动物。

旗舰种 Flagship species

在保护工作中，旗舰种起了代言或代表的作用，代表了其他物种或栖息地。

千兆吨 Gigatonne

一个测量爆炸力的方法。1 千兆吨相当于 1 万亿公斤，相当于十亿根炸药同时爆炸所产生的力。

温室气体 Greenhouse gas

温室气体的作用和一座真正的温室一样，能够捕获热量。它们防止热量从大气层中逃逸。二氧化碳是一种温室气体。我们需要温室气体来保持地球足够的温暖，这样生命才能存在。但是，如果温室气体的浓度过高，我们就会开始看到因为全球暖化导致的环境问题。

生物体 Organism

任何有生命的事物。一棵树是一个生物体，一条鲨鱼也是，一朵蘑菇也是。你也是一个生物体。

灵长类动物 Primate

这类动物包括了猿类、猴子、狐猴、婴猴和懒猴等。这类哺乳动物具有社会性，脑部较大，手指和脚趾都有指甲，还有一些它们共有的身体特征。

伞护种 Umbrella species

在保护工作中，任何被用来代表或保护同一个栖息地或环境中其他物种的那个物种。

人畜共患疾病 Zoonotic disease

任何始于动物，然后传播到人类并感染人类的疾病。